BEI GRIN MACHT SICH IHR WISSEN BEZAHLT

- Wir veröffentlichen Ihre Hausarbeit, Bachelor- und Masterarbeit

- Ihr eigenes eBook und Buch - weltweit in allen wichtigen Shops

- Verdienen Sie an jedem Verkauf

Jetzt bei www.GRIN.com hochladen und kostenlos publizieren

Bibliografische Information der Deutschen Nationalbibliothek:

Die Deutsche Bibliothek verzeichnet diese Publikation in der Deutschen National-
bibliografie; detaillierte bibliografische Daten sind im Internet über http://dnb.d-
nb.de/ abrufbar.

Impressum:

Copyright © 2009 GRIN Verlag, Open Publishing GmbH
Druck und Bindung: Books on Demand GmbH, Norderstedt Germany
ISBN: 978-3-668-19144-0

Johanna Kling

Bericht über das Kernpraktikum an einem Berufskolleg im Fach Biologie

GRIN Verlag

Bericht über das Kernpraktikum am Berufskolleg in H.

Johanna Kling

Inhaltsverzeichnis

1.   Einleitung 3

2.   Schulvorstellung 3

3.   Hospitation 5

4.   Beobachtungsaufgaben 5

   4.1 Analyse einer Unterrichtsstunde im Hinblick auf die Methoden 5

   4.2 Unterrichtsstörungen und Lehrerverhalten 6

5.   Bedeutungsstiftender Fall 8

   5.1 Teilnahme und Besprechung an einem Unterrichtsbesuch einer Referendarin 8

6.   Eigens Projekt – Planung und Durchführung einer Unterrichtsreihe ... 9

   6.1 Dokumentationen der Planung 10

       6.1.1 Bedingungsanalyse 10

       6.2.1 Didaktische Entscheidungen 11

7.   Reflexion 17

   7.1 Eigene Reflexion 17

   7.2 Feedback der Lehrerin 19

8.   Gesamtfazit 20

9.   Literatur 20

1. Einleitung

Der vorliegende Bericht beinhaltet Erfahrungen, Eindrücke und Ergebnisse, die ich während des fünfwöchigen Kernpraktikums am Berufskolleg (BK) sammelte. Beginnend mit der Schulvorstellung und einer kurzen Übersicht hospitierter Bildungsgänge, selbst gehaltener Stunden und anderer Aktivitäten, folgen die Erläuterung der Beobachtungsaufgaben sowie ein Bedeutungsstiftender Fall. Zum einen wurde eine spezielle Unterrichtsstunde in Hinblick auf die Methoden analysiert, zum anderen Unterrichtsstörungen und Lehrerverhalten beobachtet. Der Bedeutungsstiftende Fall beschreibt einen Unterrichtsbesuch einer Referendarin. In Kapitel sechs und sieben stelle ich meine Planung, Durchführung und Auswertung einer Unterrichtsreihe im Fach Biologie vor. Abschließend wird ein Gesamtfazit gezogen.

2. Schulvorstellung

Das BK umfasst die Berufsbereiche, Sozial- und Gesundheitswesen, Ernährung und Hauswirtschaft sowie Textiltechnik und Bekleidung. Es werden insgesamt 15 Bildungsgänge und eine Vielzahl von Berufsabschlüssen angeboten. Dazu zählen das Berufsorientierungsjahr (BOJ), Berufsgrundschuljahr (BGJ), die Berufsschule für Schüler und Schülerinnen (Schüler) ohne Ausbildungsverhältnis und das duale Systems. Hier werden folgende Fachklassen geführt:

- Lebensmittelfachverkäuferinnen im Bäckerei- und Konditorhandwerk
- Auszubildende im Friseurhandwerk
- Auszubildende in der Hauswirtschaft

Weiterhin besteht die Möglichkeit die zweijährige höhere Berufsfachschule für Sozial- und Gesundheitswesen als auch Berufsfachschulen (BF) mit verschiedenen Fachrichtungen zu absolvieren. Hier können staatlich geprüfte Berufsabschlüsse wie z. B. Sozialhelfer/in, Kinderpflegerin oder Servicekraft abgeschlossen werden. Die dreijährige Fachschule für Sozialpädagogik bildet in Vollzeit Staatlich anerkannte Erzieher/in aus. Zusätzliche werden Bildungsgänge die zum Abitur führen, wie die Fachoberschule (FOS) und die Allgemeine Hochschulreife (AHR) mit den Leistungskursen Erziehungswissenschaften und Biologie oder Deutsch angeboten. Hinzu kommen Sozialmanagement, Sprachförderung und Naturwissenschaften zum Erreichen von Zusatzqualifikationen für Schüler der Fachschulklassen. Aufgrund der Fachrichtungen setzt sich die Schülerschaft vorwiegend aus weiblichen Schülerinnen zusammen. Der Anteil mit Migrationshintergrund ist sehr hoch. In unmittelbarer Nachbarschaft des BK befinden sich zwei weitere Berufskollegs mit den Bereichen Wirtschaft, Verwaltung und Technik mit überwiegend männlicher Klientel. Häufig halten sich die Schüler in den Pausen und vor Schulbeginn auf dem Schulgelände des BK auf. In vielen Fällen kommen diese Besucher der Aufforderung, das Gelände zu verlassen, nicht nach und es entstehen immer wieder Konflikte.

Die Schule wird von der Schulleiterin Frau A. und dem stellvertretenden Schulleiter Herrn K. geführt. Zurzeit befinden sich insgesamt etwa 1500 Schüler, 95 Lehrer und zwei Referendare am BK. Für Schüler und Lehrer stehen in Krisen, Konflikt- und Problemsituationen zwei Beratungslehrer zur Verfügung. Der Umgang im Kollegium ist offen und ungezwungen. Im Lehrerzimmer findet häufig ein Austausch über die Klassen, den Unterrichtstoff oder einzelne Schüler statt. Insgesamt macht es den Eindruck als ob man sich gerne gegenseitig hilft.

Im Hauptgebäude befindet sich die Schulleitung, das Sekretariat ein großes Lehrerzimmer mit PC Arbeitsplätzen und Internetzugang, zwei weitere Räume für Rückzugsmöglichkeiten, ebenfalls mit PC und Internet ausgestattet, ein Kopierraum und eine kleine Küche. Das Lehrerzimmer ist abgeschlossen und somit für Schüler nicht zugänglich. Im Untergeschoss wurde eine Schülerbibliothek eingerichtet. Fachräume im zweiten und dritten Obergeschoss mit diversen Medien (z. B. Filme, Prospekte) und Biologie, Chemie und Gesundheitsräumen helfen bei der Unterrichtsgestaltung. Ein großes Foyer im Erdgeschoss bietet einen Aufenthaltsort für Schüler wo gelegentlich selbst hergestellte Speisen aus dem fachpraktischen Unterricht verkauft werden. Klassenzimmer findet man sowohl im Hauptgebäude als auch in angrenzenden Pavillons und dem Nebengebäude. Hier wird vor allem der fachpraktische Unterricht durchgeführt und ist demnach mit 2 Schulküchen, Speiseräumen und Objekte für Wäschepflege ausgestattet. Weiterhin besitzt die Schule eine Sporthalle.

An der Schule werden zahlreiche Projekte und Veranstaltungen durchgeführt. Unter anderem das so genannte Peer-Projekt, ein Sucht- und Drogenpräventionsprojekt, welches gemeinsam mit der Jugendsuchtberatung durchgeführt wird. Weiterhin ließen sich einige Schüler zu freiwilligen Seniorenbegleitern ausbilden. Einmal pro Woche helfen sie Senioren z. B. beim Einkauf oder Spaziergang. In Kooperation mit dem Deutschen Roten Kreuz, dem Amt für soziale Integration und der freiwilligenzentrale in H. führte das BK die Qualifizierung durch. In einem anderen Projekt SchB – Schule und Beruf unterstützen berufserfahrene Ruheständler Schüler beim Start in den Beruf, indem sie Bewerbungstrainings durchführen, aus der Arbeitswelt berichten oder Infoveranstaltungen und Führungen bei Unternehmen und anderen Einrichtungen organisieren. Möglich wird dies durch eine enge Zusammenarbeit mit den Betriebsgruppen einer Agentur, die in ehrenamtlicher Arbeit gemeinnützige Projekte durchführen. Des Weiteren gibt es speziell für Schüler der BF mit der Fachrichtung Kinderpflege und der Fachrichtung Sozialpflege das Projekt „It's babytime". Dabei geht es um die Verknüpfung von Schule und Lebenswirklichkeit. In Kooperation mit einer Sozialpädagogin des Diakonischen Werkes, einer Hebamme und einer Expertin zum Thema „Plötzlicher Säuglingstod" wird den Schülern einerseits eine bewusste eigene Lebensplanung vermittelt, andererseits werden sie so auf ihre späteren Aufgaben in ihrem Beruf vorbereitet. Hinzu kommen einmalige Projekte wie beispielsweise die Unterstützung der Schüler beim Weltkindertag.

3. Hospitation

Im Rahmen des Praktikums fand die Beobachtung und Analyse von Unterrichtsstunden in den Fächern Biologie, Ernährung und Gesundheit statt. Am ersten Tag erhielt ich zur Orientierung ein Plan mit beispielhaften Hospitationsstunden und den jeweiligen Ansprechpartner. Dieser diente lediglich als Vorschlag und konnte mithilfe eines Computerprogramms selbstständig verändert werden. Das Programm enthielt Stundenpläne der verschiedenen Klassen und der Lehrpersonen. Es gab keinerlei Probleme bezüglich erwünschter Unterrichtsbesuche meinerseits. Die Lehrer verhielten sich mir gegenüber kooperativ, hilfsbereit und nett.

Die Bildungsgänge BGJ sowie BVJ habe ich nur gelegentlich besucht. Eine genaue Analyse dieser Klassen hat bereits im Orientierungspraktikum stattgefunden. Im Kernpraktikum beobachtete ich Unterricht hauptsächlich und regelmäßig in den Bildungsgängen der Berufsfachschulen und denen die Fachabitur (FOS) oder allgemeines Abitur (AHR) vermitteln. In diesen ergab sich die Möglichkeit Unterricht im Fach Biologie und Ernährungslehre zu verschiedenen Themen selbstständig zu planen, durchzuführen und zu reflektieren. Darüber hinaus habe ich einzelne Unterrichtsphasen und Teilaktivitäten bei z. B. Gruppenarbeiten übernommen. Weiterhin nahm ich an einer spannenden und informativen Bildungsgangkonferenz der AHR teil.

4. Beobachtungsaufgaben

Die Namen der Lehrer und der Schüler der folgenden Beobachtungsaufgaben wurden von mir geändert und sind frei erfunden.

4.1 Analyse einer Unterrichtsstunde im Hinblick auf die Methoden

Zur Analyse habe ich mir den Bildungsgang AHR, Klasse 12 (15 Schülerinnen, 1 Schüler) mit dem Leistungskurs Biologie ausgesucht. Der Unterricht fand wöchentlich im Umfang von zwei Schulstunden in der Zeit von 14:00 bis 15:30 statt. Im Fach Bioethik wurde in dieser Doppelstunde das Thema „Gehirn" durchgenommen. Der Einstieg begann mit einem

Unterrichtsgespräch. Dazu legte die Lehrerin, Frau Baum, eine Karikatur auf. Die Schüler sollten diese beschreiben, deuten und Stellung dazu nehmen. Ich fand den Einstieg gut, die Karikatur machte neugierig. Durch die offene Gesprächsform beteiligten sich die meisten Schüler aktiv durch ihre Beiträge. Bei dieser Form des Einstiegs gibt es keine guten, schlechten, richtigen oder falschen Antworten. Fast jeder Schüler konnte etwas dazu sagen. Alternativ können Bildergeschichten, Problemskizzen, Zeitungsüberschriften, kurze Artikel, Rätsel oder auch Filmausschnitte verwendet werden. Ich denke, die Wirkung wäre die gleiche gewesen.

Nach dem Einstieg folgte die Erarbeitungsphase. Dazu wurde die Methode des Stationen Lernens angewandt. Ich selber kannte diese nicht und freute mich darüber, etwas Neues kennen zu lernen. Die Schüler lernen an unterschiedlichen Stationen. Jede einzelne liefert Teilaspekte zu einem Thema, so dass insgesamt eine thematische Einheit entsteht. Die Bearbeitung erfolgte in Kleingruppen und es gab nur Pflichtstationen. Mir gefiel diese Form des Unterrichts. Das Arbeitstempo und die Reihenfolge konnten selber bestimmt werden. Indem sich die Klasse das Thema selbst erarbeitet wird eigenverantwortliches und selbständiges Lernen gefördert. Es ist eine sehr zeitökonomische Methode. In diesem Fach wird nicht schriftlich geprüft, sondern in Form eines Projektes. Ich finde, dass diese Unterrichtsmethode sehr gut darauf und ebenfalls auf ein Studium vorbereit.

Während der Arbeitsphase hat der Lehrer die Möglichkeit sich aus dem Mittelpunkt des Unterrichtsprozesses herauszunehmen. Frau Baum erzählte mir, dass der Zeitaufwand zwar sehr hoch ist, aber der eigentliche Unterricht dann sehr entspannt abläuft. Nach acht Stunden Schule ist dies eine sehr schöne Alternative zum Frontalunterricht. Wenn die Stationen interessant aufgebaut sind, z. B. konnte an einer gebastelt werden, fällt es den Schülern leichter zu lernen, sie sind motivierter. Für Frontalunterricht wäre sicherlich die Aufmerksamkeit nach einem langen Schultag sehr gering. Am Ende der Stunde konnten die Schüler ihre Ergebnisse mit den Musterlösungen vergleichen. Diese lagen vorne am Pult aus. Ich hätte es besser gefunden, wenn jede Gruppe ihre Ergebnisse vorgestellt hätte. So wäre ein Vergleich mit den anderen Gruppen und Einüben des Präsentierens möglich gewesen. Außerdem fehlte mir ein abschließendes Gespräch, indem das Wichtigste noch einmal zusammengefasst wird.

4.2 Unterrichtsstörungen und Lehrerverhalten

Während meiner Hospitationen habe ich beobachtet wie Lehrer auf Unterrichtsstörungen reagierten und wie sie sich in solch einer Situation verhielten. Ich fand dies sehr spannend, denn gewisse Lehrer konnten sich in diesen Momenten durchsetzen und für Ruhe sorgen, andere schafften es jedoch nicht. Im Folgenden möchte ich zunächst zwei Situationen im Unterricht beschreiben.

Situationsbeschreibung 1

Frau Ast gibt Unterricht in Ernährungslehre, in einer Klasse der BF. Zu Beginn der Stunde sind die Schüler sehr laut. Frau Ast knallt das Klassenbuch auf den Tisch und ruft „ich möchte anfangen". Daraufhin legt sich der Geräuschpegel jedoch nur für kurze Dauer. Die Schüler sind unruhig und unkonzentriert. Es finden neben dem Unterricht zahlreiche Gespräche und andere Aktivitäten statt. Frau Ast ermahnt öfters zur Ruhe, dies bringt aber jeweils nur kurzfristigen Erfolg. Als der Geräuschpegel besonders laut wird, wendet sie sich an die Klasse und ruft laut: "Mensch Leute! So funktioniert das nicht! Jetzt mal Ruhe hier!" Daraufhin ist die Klasse zum größten Teil ruhig was jedoch nicht lange anhält. Im restlichen Verlauf der Stunde ermahnt Frau Ast die Schüler immer wieder, diese sind jedoch weiterhin unruhig und stören oft den Unterricht.

Situationsbeschreibung 2

Herr Stängel hält ebenfalls Unterricht in einer Berufsfachschulklasse im Fach Biologie. Frank sitzt zwischen zwei Mädchen, die versuchen, ihm heimlich Papierschnitzel in seine Haare zu legen. Er wehrt sich dagegen. Herr Stängel bemerkt dies und fordert die Schülerinnen auf, dies zu unterlassen. Sie kichern, sind dann aber die nächsten Minuten ruhig, bis die beiden Mädchen wieder zu lachen anfangen. Ihnen ist ihr Vorhaben unbemerkt gelungen und amüsieren sich köstlich darüber. Frank bemerkt die Schnipsel, schüttelt sie sich aus den Haaren und beginnt, die Mädels zu beschimpfen. Herr Stängel wendet sich in ruhigem aber ernsten Ton an die dreier Gruppe, "hören sie damit auf" und fährt mit dem Unterricht fort. Die Schüler verhalten sich nun ungefähr 10 Minuten lang ruhig, bis das Gelächter und Gekicher weitergeht und Frank wieder mit Papierschnipsel auf dem Kopf dasitzt. Herr Stängel fordert Frank nun auf in die letzte Reihe zu sitzen. "Aber das ist doch ungerecht, die ärgern mich doch und ich soll umziehen!" mault dieser. "Eben deshalb, da hinten können Sie nicht geärgert werden." entgegnet Herr Stängel. "Sollen die doch um sitzen", versucht Frank zu verhandeln. Herr Stängel sieht Frank an und sagt in festem bestimmendem Ton:" Nehmen Sie jetzt Ihre Sachen und setzen Sie sich bitte nach hinten." Daraufhin packt Frank seine Sachen und setzt sich nach hinten, "Ist es so recht?", fragt er nochmals aufmüpfig, als er in der letzten Reihe platz nimmt. "Ja so ist es gut", erwidert Herr Stängel in einem freundlichen Ton. Danach ist es in der Klasse ruhig.

In Situation eins wird deutlich, dass die Lehrerin es nicht schaffte, durchgehend für Ruhe zu sorgen. Ganz anders dagegen in Situation zwei. Ich habe versucht herauszubekommen woran das liegen könnte. In den von mir geschilderten Situationen, fiel mir besonders der unterschiedliche Umgangston beider Lehrer auf. Frau Ast wurde bei Störungen sehr laut und versuchte die Klasse zu übertönen. Herr Stängel wurde nicht lauter, sondern sagte ruhig aber bestimmt was er möchte. Dies wirkte positiv auf mich und er hatte damit Erfolg. Ich finde das Sprichwort „so wie man in den Wald hineinruft so schallt es heraus" lässt sich hierauf gut beziehen.

Weiterhin fiel mir auf, dass Frau Ast im Verlaufe des Unterrichts eine gewisse Lautstärke tolerierte. Herr Stängel dagegen reagierte sofort auf Gespräche bzw. Unterrichtsstörungen und fuhr erst nach einkehrender Ruhe mit seinem Unterricht fort. Er schaffte es eine ruhige angenehme Atmosphäre herzustellen und konnte sich besser durchsetzen. Sein Auftreten wirkte selbstbewusst, selbstsicher und er lies sich nicht leicht verunsichern. Ich merkte, dass es ihm wichtig war, guten Unterricht zu machen und das die Schüler etwas lernen. Bei Frau Ast konnte ich das nur bedingt feststellen. Teilweise hatte ich das Gefühl, dass sie sich in ihrer Rolle als Lehrerin nicht wohl fühlte. Das selbstsichere Auftreten vermisste ich an ihr. Mir ist bewusst, dass ein Vergleich der beiden Lehrer schwierig ist, da es sich hier um verschiedene Klassen, Fach, Thema usw. handelt. Die beschriebenen Verhaltensweisen und Reaktionen beobachtete ich jedoch ebenfalls bei weiteren Klassen und Unterrichtsstunden. Ich hoffe, dass es mir selber einmal gelingt, angemessen auf Unterrichtsstörungen zu reagieren bzw. in der Klasse für Ruhe zu sorgen. Anregungen, wie es funktionieren kann, habe ich durch das Praktikum bekommen.

5. Bedeutungsstiftender Fall

5.1 Teilnahme und Besprechung an einem Unterrichtsbesuch einer Referendarin

Am BK bin ich mit einer Referendarin ins Gespräch gekommen. Sie hatte während meiner Praktikumszeit einen Unterrichtsbesuch, an dem ich teilnehmen durfte. Da ich selber in naher Zukunft mein Referendariat beginnen werde, interessierte es mich besonders und ich freute mich sehr darüber. Ich war gespannt wie die Stunde abläuft und wie sich die Referendarin verhalten wird. In der hintersten Reihe saßen die Schulleiterin, die Fachleiterin, der Ausbildungskoordinator und ich. Zu Beginn verteilte sie an uns den schriftlichen Unterrichtsentwurf. Ich war ihr sehr dankbar, dass ich einmal sehen konnte wie so etwas geschrieben wird und in welchem Umfang. Die Stunde verlief In meinen Augen gut. Alles hat geklappt, die Schüler haben mitgearbeitet und den Unterricht nicht gestört. Sie hat sich meiner Meinung nach für die Vorbereitung sehr viel Mühe gegeben. Ich habe die Referendarin etwas bewundert, dass sie so gelassen und ruhig, trotz der Beobachtung, unterrichtet hat. Sie schien überhaupt nicht nervös.

Im Anschluss an die Stunde fand eine Nachbesprechung statt. Ich war begeistert, dass ich an dieser ebenfalls teilnehmen durfte. Es war sehr interessant und hilfreich für mich. Jetzt weiß ich, wie so etwas abläuft und was auf mich später zukommt. In dem Gespräch wurde die gesamte Unterrichtsstunde „auseinandergepflückt". Im Großen und Ganzen gab es viel negative Kritik vom Ausbildungskoordinator. Ich war sehr überrascht und über den „harten Ton" erschrocken. Seine Verbesserungsvorschläge machten durchaus Sinn, aber ich bin der Meinung. er hätte es auch freundlicher rüberbringen können. Schließlich befindet man sich ja noch in der Ausbildung und muss viele Dinge erst lernen. Nach dem Gespräch war mir ein wenig „mulmig" zumute. Die Referendarin konnte allerdings mit der Kritik gut umgehen und versucht es, zum nächsten Mal besser zu machen. Ich habe mit ihr hinterher noch alleine gesprochen. Sie sagte, dass die Referendarzeit eine ziemlich harte Zeit wäre und sehr viel Arbeit erfordere. Eine Woche Vorbereitung sei da nicht viel. Sie hat wahnsinnig Stress und zu Beginn hat sie manches Mal ans Aufhören gedacht. Mittlerweile beißt sie sich allerdings durch, ist aber schon sehr froh, wenn sie alles hinter sich hat.

Ich habe mir danach schon so meine Gedanken gemacht, wie ich damit umgehen werde, wenn meine mühsam erarbeitete Unterrichtsstunde fast nur kritisiert wird. Ich denke auch, dass die ständige Kontrolle und Beobachtung für mich sehr belastend sein wird. Ich habe mich mit einigen Lehrern und Bekannten über die Referendariatszeit unterhalten. Viele äußern, dass es eine schlimme, harte und anstrengende Zeit war, was mir schon ein wenig Sorgen bereitet. Jedoch gibt es auch durchaus Lehrer, die Positives über diese Zeit berichten. Wenn man sich die Sachen gut einteilt, sich einigermaßen organisieren kann und fleißig ist wäre es gut zu schaffen. Diese Aussagen beruhigten mich und ich werde zuversichtlich ins Referendariat gehen.

6. Eigens Projekt – Planung und Durchführung einer Unterrichtsreihe

In der ersten Woche des Praktikums nahm ich unter anderem am Unterricht der AHR 11.1 im Fach Biologie teil. Die Lehrerin, Frau Blatt, schätze ich als äußerst kompetent und erfahren ein. Der Unterricht gefiel mir, er war strukturiert, abwechslungsreich und fachlich anspruchsvoll. Sowohl die Schüler als auch die Atmosphäre in der Klasse waren angenehm. Frau Blatt bot mir an einzelne Stunden oder auch zusammenhängende zu übernehmen. Nachdem sie mir die Didaktische Jahresplanung zeigte, entschied ich mich dazu, eine

Unterrichtsstunde zum Thema „Auswertung Mikroskopieren" und vier zum Thema „Zellorganellen" selbst durchzuführen. Zum Einstieg und zur Übung meinerseits planten und hielten wir eine Doppelstunde zuvor gemeinsam. Im Folgenden findet eine Beschreibung der übernommenen Stunden mit Analyse, Planung und Auswertung statt.

6.1 Dokumentationen der Planung

6.1.1 Bedingungsanalyse

6.1.1.1 Klassensituation und Lernvorrausetzungen

Die vorliegende Unterrichtseinheit fand in der Klasse 11.1 der AHR mit dem Schwerpunkt Erziehung und Soziales statt. Dieser Bildungsgang, der in der APO-BK unter Anlage D verortet ist, dauert drei Jahre und führt mit den Leistungskursen Erziehungswissenschaften und Biologie oder Deutsch zur Allgemeinen Hochschulreife und zu beruflichen Kenntnissen. In der Jahrgangsstufe 11 wird ein vierwöchiges Blockpraktikum in Einrichtungen des Sozial- und Gesundheitswesens durchgeführt.

Die Klasse setzte sich insgesamt aus 5 Schülern und 18 Schülerinnen im Alter zwischen 17 und 22 Jahren zusammen. Sechs Schüler wiederholten die Klasse und neun hatten einen Migrationshintergrund. Verständigungsprobleme traten nicht auf, jedoch sprachliche Defizite wie z. B. Ausdrucksweise und Satzformulierungen. Aussagen über Sozialverhalten und Leistungsstand konnten nur bedingt erfolgen, da es sich um den Anfang des Schuljahres handelte und Unterricht seit 2 Wochen statt fand. Insgesamt handelte es sich um eine relativ leise Klasse nur zwei Schüler störten besonders häufig den Unterricht, und mussten mehrmals ermahnt werden. Der Leistungsstand in der Klasse war relativ heterogen, wobei eine Einschätzung nach so kurzer Zeit schwer fiel. Einige Schüler vor allem auch die Wiederholer hatten zum Teil viele Vorkenntnisse und brachten gute Beiträge. Bei Anderen waren das fachliche Niveau und die Beteiligung gering.

6.1.1. 2 Richtlinienbezug und didaktische Jahresplanung

Im Fachlehrplan Biologie (Teil III) 1. Leistungskurs sind Themen und Inhalte nach Kurshalbjahren gegliedert. Im ersten Halbjahr (11.1) lautet das Kursthema „Zytologie und Histologie". Der Schwerpunkt liegt auf der Vermittlung von Kenntnissen über Bau und Funktion zellulärer Organismen. Gemäß diesen Vorgaben erstellte das BK eine didaktische Jahresplanung für den Bildungsgang AHR 11. In dieser ist eine Auflistung der einzelnen Themen, die Reihenfolge und zeitliche Planung ersichtlich (vgl. Anhang 1).

6.1.1.3 Vorausgegangener Unterricht / Vorwissen

Für meine Planung musste ich herausfinden, was die Schüler bis zu diesem Zeitpunkt im Unterricht gemacht haben und an welches Wissen ich anknüpfen konnte. Die ersten vier Unterrichtsstunden befassten sich mit Kennzeichen und Entstehung des Lebens sowie Organisationsstufen der Lebewesen. Diese Inhalte bauten nicht auf meine Unterrichtsreihe auf. Anschließend wurde die Einführung in das Lichtmikroskop besprochen (Einzelstunde) und Zwiebelzellen sowie Mundschleimhautzellen mikroskopiert (Doppelstunde). An den letzten drei Unterrichtsstunden nahm ich aktiv teil und unterstützte die Schüler beim Mikroskopieren und Zeichnen. Einige fertigten im Laufe ihrer Schulzeit schon einmal Präparate an und waren in der Lage bestimmte Bestandteile der Zellen zu sehen, zu benennen und zu zeichnen. Die Mehrzahl hatte dabei jedoch Schwierigkeiten und Vorwissen über zelluläre Strukturen war kaum vorhanden. Als Hausaufgabe sollten die Schüler die Zeichnungen fertig stellen und vor der nächsten Stunde abgeben. Die Inhalte der letzten drei Stunden waren für mein Thema relevant.

6.2.1 Didaktische Entscheidungen

6.2.1.1 Lernziele

Ich machte mir zusammen mit Frau Blatt Gedanken über die Ziele und gewünschten Lernergebnisse der einzelnen Stunden.

Tab. 1: Thema und Ziele der Unterrichtsreihe

Thema der Unterrichtsstunde	**Lernziele**
<u>Erste Stunde:</u> Auswertung: Vergleich zwischen einer tierischen und pflanzlichen Zelle unter dem Lichtmikroskop	Die Schüler/innen... - kennen die Bestandteile der Zwiebel- und Mundschleimhautzelle - erkennen die Unterschiede einer pflanzlichen und tierischen Zelle - können eigene Zeichnungen beschreiben
<u>Zweite, dritte und vierte Stunde</u> Zellorganellen	Die Schüler/innen... - können die Zellorganellen in Struktur und Funktion erläutern - sind in der Lage Informationen zu nutzen und auszuwerten

6.2.1.2 Unterrichtsinhalte

Meine Unterrichtsreihe begann mit der Auswertung der zuvor durchgeführten Doppelstunde „Mikroskopieren". Durch Teilnahme an dieser kannte ich den Inhalt und bekam mit, was die Schüler unter dem Mikroskop gesehen haben bzw. sehen sollten und schaute mir die verschiedenen Präparate an. Manche erstellten schlechte und erkannten nichts, bei anderen klappte es besser und man konnte die Bestandteile einer Zwiebel und- Mundschleimhautzelle eindeutig erkennen. Ich machte mir schon während der Stunde Gedanken über die Auswertung und hatte bereits erste Ideen. Diese notierte ich mir zu Hause stichpunktartig und versuchte sie zu sortieren. Meine Ideen besprach ich mit Frau Blatt und sie gab mir weitere Tipps wie ich den Unterricht gestalten könnte. Sie sagte, ich solle die Zeichnungen der Schüler nutzen um die Bestandteile einer Zwiebel- und Mundschleimhautzelle zu wiederholen. Die Unterschiede einer pflanzlichen und tierischen Zelle wollte ich anhand eines Textes herausstellen. Diesen erstellte ich selber. Da ich fachlich nicht mehr in dem Thema drin war, las ich mich zu Hause nochmals ausführlich mithilfe von Bücher und Internet ein. Außerdem hatte ich in einem Praktikum während des Studiums die gleichen Objekte mikroskopiert und gezeichnet und suchte die Unterlagen dazu heraus.

Ich begann einen Text zusammenzufassen, der kurz und knapp sein musste, da ich nur eine Schulstunde Zeit hatte. Außerdem durfte er nur Dinge enthalten bzw. beschreiben, welche die Klasse im Lichtmikroskop tatsächlich sah. Die anderen Strukturen von Zellen wurden noch nicht besprochen und waren Inhalte der darauf folgenden Stunden. Zusätzlich suchte ich passend zum Text Bilder. Anschließend formulierte ich Arbeitsaufträge, welche nicht zu einfach aber auch nicht zu schwer sein sollten. Den Text und die Arbeitsaufträge (vgl. Anhang 2) zeigte ich Frau Blatt und sie fand es gut. Zum Ende der Stunde wollte ich die einzelnen Bestandteile einer Zelle anhand eines Modells veranschaulichen. Dies war gar nicht so einfach und es dauerte seine Zeit bis ich eine Idee hatte. Schließlich legte ich in einen durchsichten Kasten (Zelle) einen Luftballon (Vakuole), und ein Teelicht (Zellkern). So konnte ich auch die räumliche Lage und das Volumen der einzelnen Bestandteile zeigen.

In den nächsten vier Unterrichtsstunden folgte das Thema „Zellorganellen", welches auf das vorangegangene aufbaute. Auch hierzu eignete ich mir zunächst das Fachwissen an. Ich hatte eine Fülle an Informationen und überlegte, welche Inhalte wichtig sind und welche vernachlässigt werden können. Aus Zeitgründen war es unmöglich jedes Organell ins kleinste Detail zu besprechen. Nach Absprache mit Frau Blatt entschied ich mich dazu, dass die Klasse die Organellen im Aufbau, Funktion und Vorkommen erläutern sollen. Zusätzlich eine Abbildung vorstellen und wenn möglich das Organell anhand eines Modells nachbauen.

Wichtig war mir auch, dass besonders die Fachbegriffe genannt und verstanden werden. In den weiterführenden Klassen (12 und 13 der AHR) werden diese vorausgesetzt.

6.2.1.3 Unterrichtsschritte, Methoden und Medien

Nach der Auswahl der Inhalte überlegte ich, wie ich der Unterricht gegliedert werden kann. Dazu machte ich mir eine Tabelle mit verschiedenen Spalten für die Unterrichtsphasen z. B. Einstieg, Erarbeitung usw., Unterrichtsschritte bzw. Inhalte, Methoden, Medien und Zeit (siehe 6.2.3 Stundenverlauf). Ich begann also nach und nach die Tabelle zu füllen. Vieles wurde notiert, wieder durchgestrichen, verändert und umgebaut. Es viel mir sehr schwer eine sinnvolle Reihenfolge festzulegen. Viele Gedanken schwirrten mir durch den Kopf, z. B. wie gestalte ich den Einstieg (Bild, Wiederholung...) oder wie leite ich sinnvoll von einer Phase zur nächsten über (vom Einstieg zur Erarbeitung), sollen die Schüler den Arbeitsauftrag alleine oder zu weit lösen, wann und wo mache ich Gruppenarbeit, was benutze ich für Medien. Nach mehreren Stunden hatte ich zumindest schon einen groben Ablauf mit Zeitplanung notiert. Damit ging ich zu Frau Blatt und wir besprachen den Plan. Einiges veränderte und ergänzte ich mit ihrer Hilfe.

Ich entschied mich den Einstieg der ersten Stunde durch ein Unterrichtsgespräch zu beginnen. Zur Wiederholung plante ich Zeichnungen der Schüler auf dem OHP aufzulegen. Eine offene Gesprächsform mit Integration möglichst vieler Schülerbeiträge erschien mir dabei sinnvoll. Für die Erarbeitungsphase wählte ich die Partnerarbeit. Bei dieser Sozialform konnten sich die Schüler austauschen und gegenseitig helfen. Für eine Gruppenarbeit war der Text zu kurz, gab nicht genug her und die Zeit hätte nicht ausgereicht. Die Ergebnisse der Arbeitsaufträge sollten vor der Klasse auf Folie präsentiert werden. Aus Zeitgründen stellten dabei nur 2 Partner ihre Ergebnisse vor. Die Folie wählte ich aus, damit alle die notierten Ergebnisse sehen und eventuell ihre ergänzen konnten.

Für die Bearbeitung des Themas „Zellorganellen" überlegte ich, wie man 4 Stunden sinnvoll nutzt. Ich entschied mich, die Einführung ebenfalls durch ein Unterrichtsgespräch zu beginnen. Dabei benutze ich das Fragen-entwickelnde Verfahren. Durch Erklärungen, Visualisierungen, Impulse und Fragen konnte ich die Schüler zum Nachdenken und zum wiederholen von Sachverhalten anleiten. Ich entschied mich, die Erarbeitung der Zellorganellen durch Gruppenarbeiten durchführen zu lassen. Für die Einteilung der Gruppen wählte ich das Zufallsprinzip. Damit wollte ich verhindern, dass die guten Schüler und die Wiederholer (kennen sich bereits untereinander) eine Gruppe bilden. Unter anderem wollte ich damit erreichen, dass sich die Klasse besser kennen lernt und soziale Kontakte knüpfen (es handelte sich ja um den Beginn des Schuljahres). Außerdem konnten sich so die Schüler das Thema komplett selbständig erarbeiten. Dadurch kann man sich gelerntes viel besser einprägen und vergisst es nicht so schnell. Weiterhin werden soziale Fähigkeiten wie z. B. Teamgeist, Rücksichtsnahme und Toleranz trainiert. Diese sind für das spätere Berufsleben wichtig. Einige Schüler streben an ein Studium zu beginnen, wofür Teamfähigkeit und selbständiges Erarbeiten unerlässlich sind. Als Informationsquellen für die Bearbeitung stellte ich sowohl Bücher als auch das Internet zur Verfügung. Ich habe festgestellt, dass im Unterricht immer noch sehr wenig mit dem Internet gearbeitet wird. Ich finde es wichtig, dass die Schüler damit umgehen können. Außerdem wollte ich verschieden Medien für die Recherche anbieten, da manche mit dem Einen oder Anderen besser bzw. lieber arbeiten.

Die Anforderungen für die Präsentation erarbeite ich mit den Schülern zusammen und schrieb sie an die Tafel, damit alle mitschreiben konnten. So ersparte ich mir ständiges Nachfragen über formale Dinge. Die Schüler sollten ihre Ergebnisse auf einer Folie präsentieren. Ich wählte die Folie aus, damit alle Schüler sehen konnten was die anderen Gruppen erarbeitet haben. Eine andere Möglichkeit wäre eine Plakaterstellung gewesen. Ich entschied mich jedoch für die Folie, weil ich diese für alle kopieren konnte. Da der Stoff klausurrelevant war, musste ich sicherstellen, dass jedem Schüler die Ergebnisse vorliegen.

6.2.3 Stundenverlaufsplan

Der Unterricht wurde nach der folgenden Stundenverlaufsplanung durchgeführt.

6.2.3.1 Auswertungsstunde „Mikroskopieren"

Zeit: 45 Minuten

Phase	Unterrichtsschritte/Inhalte	Methoden / Sozialform	Medien	Zeit
Einstieg	- kurze Wiederholung der vorherigen Stunde L. fragt die S. was haben Sie gemacht? Was wurde mikroskopiert? - Beschreibung einer Zwiebelzelle / Mundschleimhautzelle L. legt Zeichnungen der Schüler auf und fragt was seht ihr dort? S. antworten und stellen Unterschiede zwischen der Zwiebel- und Mundschleimhautzelle fest. L. schreibt Thema: Vgl. zwischen einer pflanzlichen und tierischen Zelle unter dem Lichtmikroskop an die Tafel	U. -gespräch	Zeichnung von Schülerin S. und T. Tafel	10 Min
Erarbeitung	- Die Unterschiede werden mit einem Text und Arbeitsaufträgen erarbeitet. Aufgabe 1: Beschriften Sie die Abb. Aufgabe 2: Nennen sie die Unterschiede zwischen eine pflanzlichen und tierischen Zelle	PA	Arbeitsblatt, Folie, Folienstifte, OHP	10 Min
Präsentation	- Schüler gehen nach vorne und präsentieren (nur zwei Partner) - S. ergänzen ggf.	S-Vortrag	Folie, OHP	10 Min
Ergebnissicherung	Schüler vergleichen Abb. mit ihren eigenen Zeichnungen. Diese werden auf einer Wäscheleine aufgehängt und diskutiert.	U. -gespräch	Wäscheleine, Klammern, Zeichnungen der S.	10 Min
Vertiefung /Transfer	Vergleich mit Modell	L-Demonstration	Durchsichtiger Kasten, Luftballon, Teelicht	5 Min

6.2.3.2 Unterrichtsstunden zum Thema „Zellorgenellen"
Zeit:5 x 45 Minuten

Phase	Unterrichtsschritte/Inhalte	Methoden / Sozialform	Medien	Zeit
Einstieg	- Wiederholung am Modell - Elektronenmikroskopische (EM) Aufnahmen von Zellen - S äußern sich zu Bildern - L: letztes Mal Zellen unter dem Lichtmikroskop besprochen was sehen sie bei den EM Aufnahmen? Was könnte das sein? - S. entdecken verschiedene Organellen - L: schreibt das Thema: Zellorganellen an die Tafel	L-Demonstration U. -gespräch	Modell EM Bilder, Folie, OHP Tafel	15 Min
Planung	- Erklärung der Informationsbeschaffung L: Es gibt viele Zellorganellen, woher können sie darüber Informationen bekommen? - Dauer der Arbeitszeit = Präsentation am... - Umfang = 1 DIN A4 Seite auf Folie - Gruppeneinteilung L. fragt was schlagen sie vor, wie könnte man das Thema erarbeiten? S. machen Vorschläge, L. wählt Gruppenarbeit L. verteilt Nummern, S. ziehen. Jedem Zellorganell ist eine Nummer zugeordnet - Art der Ergebniszusammenführung Aufbau, Funktion, Vorkommen, Besonderes, Abbildung, Modell sollen die S. erarbeiten. L. schreibt Vorgaben an die Tafel, S. schreiben ab	U. -gespräch	Nummer auf Zetteln Tafel	20 Min
Erarbeitung	Gruppen erstellen nach vorgegebenen Kriterien für jedes Zellorganell eine Übersicht.	G-Arbeit	Folie, Folienstifte, Bücher, Medienwagen mit Internetzugang	100 Min
Präsentation	Gruppen präsentieren ihre Ergebnisse L. gibt Feedback	S. Vortrag	Folie, OHP, Modelle	90 Min

7. Reflexion

7.1 Eigene Reflexion

Im Praktikum nahm ich mir vor, möglichst viele Stunden zu unterrichten. Letztendlich waren es jedoch weniger als geplant. Ich unterschätzte den Zeitaufwand der Vorbereitungen. Für meine beschriebene Unterrichtsreihe investierte ich viele Stunden Arbeit. Ich hatte ziemliche Schwierigkeiten diese zu konzipieren und habe mir dies alles etwas leichter vorgestellt. Vielleicht ist dies aber auch ganz normal, schließlich ist jeder Anfang schwer. Ich neige dazu, die Dinge perfekt machen zu wollen. Fürs Referendariat möchte ich versuchen, diesen Anspruch abzulegen und hoffe im Laufe der Zeit eine gewisse Routine zu bekommen.

Vor meiner ersten Unterrichtsstunde war ich aufgeregt. Ich denke, dass die Klasse es mir anmerken konnte. Ich sprach relativ schnell und verhaspelte mich öfters. Nachdem ich einige Minuten vorne stand legte sich jedoch meine Nervosität. Ich fühlte mich dann sogar relativ sicher und mir gefiel es, vor der Klasse zu stehen. Nach meinem Einstieg wollte ich das Thema an die Tafel schreiben. Leider war keine Kreide vorhanden. Ich holte mir dann eine von der Klasse nebenan. Dadurch verlor ich Zeit und es war mir unangenehm. Zukünftig werde ich darauf achten, dass sämtliche benötigten Materialien vorhanden sind. Bei der Bearbeitung der Arbeitsaufträge in der ersten Stunde gab es größtenteils keine Schwierigkeiten. Einige Schüler waren jedoch unsicher und fragten mich nach der Lösung, welche ich teils auch verriet. Im Nachhinein ärgerte ich mich darüber. Besser wäre gewesen zu sagen „überlegt doch erst einmal und tauscht euch mit dem Nachbarn aus". Sie sollen ja selber darauf kommen und anhand des Textes war dies machbar. Weiterhin stellte ich fest, dass meine vorgegebe Bearbeitungszeit zu knapp geplant war. Ich konnte zwar noch den Vergleich der Zeichnungen durchführen, aber für meine Modellvorführung reichte die Zeit nicht mehr aus. Ich ärgerte mich sehr darüber. Das Modell hätte ich noch gerne gezeigt. Ich weis, dass man sich so Dinge besser vorstellen kann und bin mir ziemlich sicher, dass die Schüler es gut gefunden hätten. Ich finde, dass es das Beste an der ganzen Unterrichtsstunde war. Ich lerne also daraus, mehr Zeit für Arbeitsphasen einzuplanen. Vielleicht auch zu überlegen, ob die Reihenfolge geändert werden kann. Das Modell also früher einplanen und anderes raus lassen oder kürzen. In diesem Fall konnte ich glücklicherweise zu Beginn der folgenden Stunde als Wiederholung das Modell noch vorführen. Im Referendariat, bei Unterrichtsbesuchen, ist das jedoch nicht möglich.

Im weiteren Unterrichtsverlauf bemerkte ich, dass meine Fragen zu leicht bzw. zu eng gestellt waren. Ich gab zu wenig Raum für Antworten. Die Schüler mussten nicht so viel nachdenken und es war relativ leicht auf die Lösung zu kommen. Ich möchte versuchen, Fragen zu stellen, deren

Antworten nicht so offensichtlich sind. Bei der Gruppeneinteilung ist mir aufgefallen, dass einige Schüler es nervig fanden, Nummern zu ziehen und sich dann entsprechend zu ordnen. Es kamen Kommentare wie z. B. „können wir uns nicht selber einteilen?" Ich wurde in dieser Situation unsicher und überlegte, dies zuzulassen. Allerdings griff dann die Lehrerin ein und sagte, ich solle es wie geplant machen. Ich muss lernen, in solchen Situationen mein Vorhaben durchzusetzen, konsequenter zu werden und keine Unsicherheiten zu zeigen. Die Gruppenarbeit hat gut funktioniert und ich würde es wieder so machen. Vor allem bemerkte ich, dass die Schüler Spaß daran hatten, ein Modell zu basteln. Dabei waren sie sehr kreativ und fertigten gute und gelungene Modelle an. Bei der Präsentation der Schülerergebnisse in der letzten Doppelstunde viel mir auf, dass teilweise die vorher erarbeiteten Kriterien nicht eingehalten wurden. Außerdem Fehlerhaftes notiert wurde. Während der Gruppenarbeit habe ich darauf nicht geachtet. Um dies zu vermeiden, möchte ich später die Arbeitsphasen intensiver begleiten und auf Fehler hinweisen.

Bei der Besprechung der ersten Vorträge half mir Frau Blatt. Sie ergänzte, machte Verbesserungsvorschläge und fasste das Wichtigste noch mal zusammen. Die letzten 45 Minuten war ich auf mich alleine gestellt, da Frau Blatt einen Termin hatte und mich bat die Stunde zu übernehmen. Die Vorstellung alleine, vor einer Klasse zu stehen gefiel, mir. Leider verlief die Stunde nicht wie geplant und ich fühlte mich sehr unwohl. Zum einen waren die Schüler sehr laut und recht albern. Es fiel mir schwer für Ruhe zu sorgen, so ganz habe ich es auch nicht geschafft. Zum anderen konnte ich mich zu den Präsentationen nicht so umfangreich äußern wie Frau Blatt in der Stunde zuvor. Dies hatte zur Folge, dass ich 20 Minuten früher fertig wurde als geplant. Natürlich fragten die Schüler sofort „können wir denn jetzt gehen?" Ich wollte es nicht, da ich wusste, dass die Schulleitung dies nicht gerne sieht. Also machte ich spontan eine Wiederholung des Stoffes. Diese war mehr Schlecht als Recht. Erwartungsgemäß arbeiteten die Schüler kaum noch mit. Sie wussten genau, dass ich nur Zeit verstreichen lassen wollte. Nachdem mir dann wirklich nichts mehr einfiel, lies ich die Klasse 10 Minuten vor Ende gehen. Diese Erfahrungen in der letzten Stunde waren für mich nicht schön, aber ich glaube es hat mir viel gezeigt. In Zukunft sollte ich mich noch besser vorbereiten, um inhaltlich die Stunde füllen zu können. Außerdem einen „Notfallplan" parat haben und besser mehr als zu wenig vorbereiten. Ich glaube der Lehrerberuf erfordert zwar Spontanität, ist aber als Berufsanfänger schwer zu realisieren, zumindest für mich. Ich glaube, es ist immer besser in solchen Situationen ehrlich zu sein. Also zu sagen „ich bin mit dem Stoff durch, war so nicht geplant, wünsche noch einen schönen Tag". Die Stunde hat mir auch gezeigt, dass ich an meinem Durchsetzungsvermögen arbeiten muss. Es ist mir nicht gelungen, in der Klasse für Ruhe zu sorgen (genauso wenig wie Frau Ast in meiner Situationsbeschreibung 1 der Beobachtungsaufgabe). In Konfliktsituationen möchte ich versuchen deutlich zu sprechen, die Forderung klar formulieren, keine langen Erklärungen geben und vor allem nicht nachgeben, auch wenn der Widerstand groß ist. Dazu gehört für mich ein selbstbewusstes und selbstsicheres Auftreten. Dies vermisse ich in manchen Lebenssituationen bei mir. Daran kann und werde ich also noch arbeiten. Vor allem, da ich die Erfahrung, dass sich Menschen im Laufe der Zeit verändern können, schon an mir selbst erlebt habe. Meine Schulkarriere startete mit der Hauptschule und sehr schlechten Noten. Ich kämpfte mich auf Umwegen bis zum Abitur durch. Ich hätte mir damals nie vorstellen können, einmal auf Lehramt zu studieren, und dies auch noch mit akzeptablen Noten tun würde. Jedenfalls in diesem Punkt hat sich mein Selbstbewusstsein schon zum Besseren gewandelt. Ich bin zuversichtlich, dies im Laufe des Referendariats steigern zu können.

7.2 Feedback der Lehrerin

Laut Frau Blatt habe ich eine angenehme offene Art, mit den Schülern umzugehen. Was das Schüler-Lehrer Verhältnis angeht, sieht sie keinerlei Probleme. Ich wirke kompetent und habe eine klare und deutliche Aussprache. Aufgefallen ist ihr, dass ich teilweise die Klasse nicht anschaue. Insbesondere zu Beginn der Stunde. Ich begann zu sprechen und blickte dabei auf meine Unterlagen. Im weiteren Verlauf war dies jedoch nicht der Fall. In Zukunft versuche ich, von Anfang an Blickkontakt zu halten. Weiterhin gab sie mir den Tipp, nach Fragestellungen eine gewisse Zeit zu warten. Ich neigte dazu, Schüler aufzurufen, welche sofort aufzeigten. Meist waren es immer die gleichen. Von mir selber weis ich, dass es etwas dauern kann, bis man eine Antwort parat hat. Weiterhin formuliere ich teilweise keine klaren Arbeitsaufträge. Beispielsweise sagte ich „können sie sich im Heft notieren" besser wäre „Dies schreiben sie bitte ab". Es wäre mir selber nicht aufgefallen, und ich werde in Zukunft hoffentlich klar, deutlich und bestimmend sagen, was gemacht werden soll. Bei meinen Tafelanschriften habe ich vergessen, Überschriften zu notieren. Dies wirke unstrukturiert und Schüler wissen zu Hause eventuell nicht mehr, zu welchem Thema bzw. Stunde die Mitschrift gehört. Als letztes solle ich versuchen, das Niveau der Klasse zu berücksichtigen. Zum Teil war es zu einfach und forderte die Schüler nicht heraus. Der Punkt ist mir selber aufgefallen. Ich war überrascht wie viel die Schüler konnten und unterschätze sie. Ich denke, das passende Niveau zu finden, ist schwierig. Der Unterricht sollte nicht zu leicht sein, aber auch nicht zu schwer. Dafür benötigt man Erfahrung und Übung.

Eine positive Rückmeldung bekam ich bezüglich bestimmter Erläuterungen bzw. Erklärungen. Ich benutzte dafür häufig alltagsrelevante bzw. lebensnahe Sachverhalte. Beispielsweise „...wir haben ja gerade Herbst und wenn sie nach draußen schauen, sehen sie, dass sich die Blätter färben, weil...". Neben den aufgeführten Kritikpunkten waren Frau Blatt und auch andere Lehrer bei denen ich unterrichtet mit meinen Leistungen sehr zufrieden.

8. Gesamtfazit

Das Kernpraktikum war für mich sehr hilfreich, da es mir ermöglichte die Realität an einem Berufskolleg mitzuerleben und ich den Schulalltag so aus erster Hand erfahren konnte. Durch die Hospitationen erhielt ich einen umfassenden Einblick des Unterrichtsgeschehens. Ich machte mir viele Notizen zum Ablauf; Inhalt und Verhalten der Lehrer und sammelte Unterrichtsmaterialien. Vielleicht kann ich im Referendariat auf das ein oder andere zurückgreifen. Es war sehr interessant, die verschiedenen Lehrertypen zu beobachten. Dabei fiel mir besonders auf, dass neben fachlichen Können auch Persönlichkeit und Authentizität wichtige Eigenschaften von Lehrern sein sollten. Ich bin sehr dankbar, dass ich während meiner Praktikumszeit eigenständig Unterricht planen und durchführen konnte. Dadurch lernte ich viel. Außerdem war es eine gute Übung für das bevorstehende Referendariat. Ich kann mir jetzt besser vorstellen, wie es sein wird als Lehrerin tätig zu sein. Die Entscheidung, auf Lehramt zu studieren, war richtig und ich bin sehr zuversichtlich, dass mir der Beruf Spaß machen wird.

9. Literatur

Hilbert Meyer: Leitfaden Unterrichtsvorbereitung; Frankfurt am Main; Cornelsen Verlag, 2007 (11. Auflage)

BEI GRIN MACHT SICH IHR WISSEN BEZAHLT

- Wir veröffentlichen Ihre Hausarbeit,
  Bachelor- und Masterarbeit

- Ihr eigenes eBook und Buch -
  weltweit in allen wichtigen Shops

- Verdienen Sie an jedem Verkauf

Jetzt bei www.GRIN.com hochladen
und kostenlos publizieren